LA VRAIE MANIÈRE

D'ÉLEVER ET DE MULTIPLIER

LES LAPINS

A LA VILLE ET A LA CAMPAGNE,

Contenant

LA MANIÈRE DE LES NOURRIR, DE LES GUÉRIR DE LEURS MALADIES ; SOINS A DONNER AUX NOURRICES ET AUX LAPEREAUX ; LES QUALITÉS QUE L'ON DOIT RECHERCHER DANS LE LAPIN ; MANIÈRE DE CONSTRUIRE LES CABANES, ETC.

(Voir la Table, page 36.)

Moyen sûr et facile de se faire un revenu de 2,000 fr.

INDUSTRIE A LA PORTÉE DE TOUTES LES CLASSES.

PAR

LOUIS RAVAGEAUX,

Agronome, à Tricot.

PRIX : 50 CENTIMES.

A PARIS,

CHEZ TISSOT, LIBRAIRE,

PLACE DU PONT-SAINT-MICHEL, N° 43.

1845
1844

EXPLICATION DE LA GRAVURE.

COUPE LONGITUDINALE SUIVANT LA LONGUEUR.

1. Fond incliné doublé en zinc.
2. Châssis grillé.
3. Auge pour recevoir le son et les grains.
4. Ratelier placé sur un des côtés.
5. Porte grillée dite porte à tabatière.
6. Tuyau conduisant les urines.
7. Seau recevant les urines.

NOUVEL ART D'ÉLEVER LES POULES.

LES POULETS ET LES CHAPONS,

SOIT DANS PARIS, SOIT A LA CAMPAGNE,

Contenant la manière de les nourrir, de les guérir de leurs maladies, de les faire pondre, de les faire couver: soins à donner aux couveuses, la manière de les engraisser, les qualités que l'on doit rechercher dans la poule et le coq; la manière de construire les poulaillers et les cages, moyen de conserver les œufs et les plumes, construction des nids des poules couveuses, éducation des jeunes poussins, etc

Moyen de se faire un revenu annuel et réel de 2,000 à 2,500 fr.

PAR FRANÇOIS ROUTILLET,

Fermier, près du Mans.

PRIX : 50 CENTIMES.

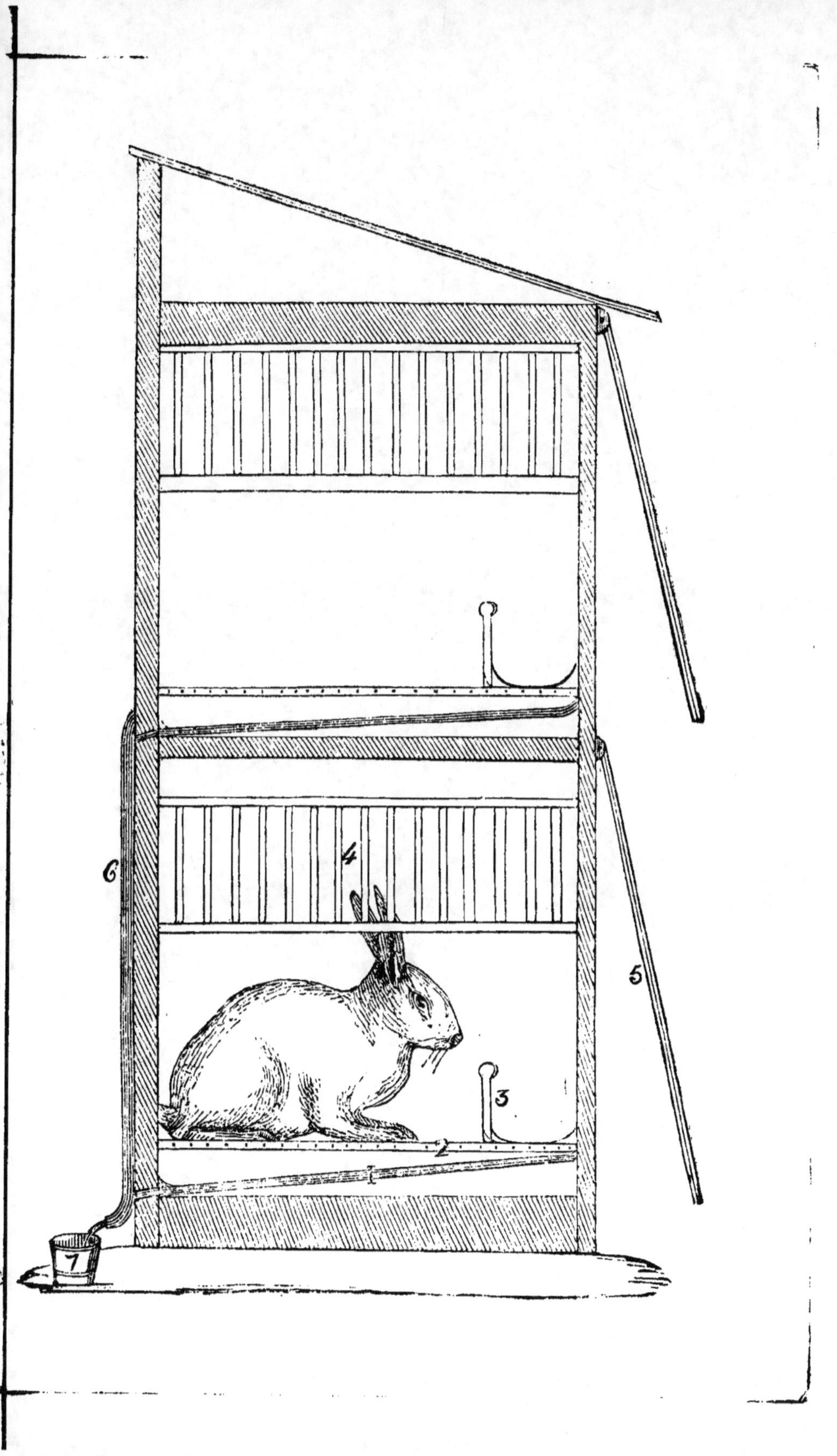

6
4
5
3
2
7

AVANT-PROPOS

Gagner 2,000 fr. de rente en élevant des lapins ! En vérité, l'auteur de cette brochure se moque et fait des promesses mensongères, disent les incrédules, ceux qui, ne voyant que le titre, ne veulent pas prendre la peine de la lire attentivement jusqu'à la fin. — Et ils ajoutent : L'auteur n'a pas réfléchi, sans doute, qu'on ne peut élever des lapins dans les grandes villes aussi bien que dans la campagne, attendu qu'il s'élève sans cesse des contestations avec les propriétaires et les voisins. Ils disent encore qu'une des principales causes qui empêchent la multiplication des lapins, c'est la mortalité, qui enlève souvent des portées entières, et décourage l'éleveur, qui voit perdre le fruit de ses labeurs. On objecte ensuite que la réunion des lapins vicie l'air et cause des maladies ; et mille autres objections qui n'ont pas plus de fondement que les précédentes. L'auteur a prévu les objections et il se fait fort d'y répondre victorieusement. D'abord, on évitera toute contestation avec l'autorité, avec les propriétaires et les voisins, si l'on construit le clapier et les cabanes suivant le modèle qu'il en donne et avec toutes les dimensions et précautions qu'il a prescrites dans les chapitres traitant des *garennes* et des *cabanes*. Par ce moyen, on préviendra et les dégâts et la mauvaise odeur qui pourraient être occasionnés par ces animaux. Suivre en tous points toutes les indications, et ne pas craindre de contestations. On trouvera également un chapitre contenant les lois relatives aux garennes et aux lapins.

On a parlé de la mortalité qui frappe les lapins. Quels sont les animaux qui ne sont pas exposés à des épizooties, à des maladies qui font de grands ravages? Mais on préviendra les maladies par les soins, par la propreté, par les précautions hygiéniques que l'on trouvera détaillées au chapitre intitulé : *Soins à donner aux lapins.* On observera bien aussi tout ce qui est prescrit pour la nourriture et le coucher. Quand les maladies seront déclarées, on les guérira en employant les remèdes prescrits au chapitre des *Maladies*. En un mot, de l'air, de la propreté, des

soins, cela suffit pour prévenir et guérir la plu—
part des maladies.

La réunion des lapins ne vicie point l'air et
n'engendre pas de maladies. Il a été reconnu que,
dans ce cas, les habitans ne tarderaient pas
s'en apercevoir, avant que l'air ait pu contrac-
ter des qualités malfaisantes; d'ailleurs, la mortalité complète des lapins précéderait de beaucoup l'époque à laquelle l'air pourrait devenir
dangereux à respirer.

Maintenant il sera facile de démontrer que
cette entreprise peut se faire par tout le monde,
par le petit propriétaire, même par la classe peu
aisée, puisqu'on n'a pas une somme considérable
à débourser tout d'un coup, attendu que les frais
peuvent être faits par petites parties, et assurer
un bénéfice au fur et à mesure que le nombre
augmente.

Il suffira d'acheter une bête par semaine ; au
bout de six mois, les mâles pourront être vendus
de suite, puisqu'ils ne servent à rien , vu qu'un
seul suffit pour 6 à 8 femelles. De plus , le produit de la vente des mâles servira à se couvrir
en partie des frais nécessités par la nourriture ,
par les cabanes , au fur et à mesure qu'on en
établira.

D'ailleurs, tout est produit dans le lapin : son

poil est employé dans la chapellerie, la bonneterie, la draperie ; sa peau, garnie de son poil, est
une bonne fourure ; dépouillée du poil, la peau
donne une bonne colle ; sa chair produit un bouil-
lon excellent, une nourriture saine, que les habitans des campages pourraient facilement se
procurer, tandis que la cherté de la viande de
boucherie les réduit souvent à ne manger qu'un
peu de viande de porc, et à vivre presque toujours
de végétaux. Le fumier du lapin est excellent ;
il est surtout recherché par les jardiniers. De
plus, un lapin de quatre mois ne coûte que deux
mois et demi de nourriture, puisqu'il est allaité
pendant cinq à six semaines. On peut déjà le
manger ou le vendre vers l'âge de trois à quatre
mois ; c'est alors qu'on retire, ou en argent, ou
en alimens, la somme qu'on a été obligé de débourser. Cependant on y gagne en le gardant
plus long-temps ; car le lapin augmente en chair,
en embonpoint, en peau et en poil, à mesure
qu'il avance en âge.

L'éducation des lapins est donc une industrie
lucrative et qui demande peu de frais pour commencer, surtout si l'éleveur sait proportionner
le nombre des élèves à l'emplacement et aux ressources dont il peut disposer. Les habitans de la
campagne, et surtout ceux des villes, peuvent se

créer, à peu de frais et dans leur propre habitation , des ressources alimentaires et pécuniaires. Cependant cette branche d'industrie, à la portée de tout le monde, est exploitée par un petit nombre de personnes.

L'auteur a répondu à toutes les objections; il va maintenant indiquer tout ce que doivent faire et celui qui veut n'élever qu'un petit nombre de lapins, et le spéculateur qui voudrait travailler en grand et s'en faire un moyen de fortune.

Supposons que l'on veuille commencer en petit, il suffira d'acheter cinq ou six fondateurs, c'est à dire cinq femelles et un mâle. On pourrait même n'acheter qu'un mâle et une femelle, et se procurer ensuite une femelle par semaine. Dans ce cas, il ne faudra qu'un petit emplacement ; mais pour exploiter en grand , il sera nécessaire de construire un clapier ou garenne , avec les cases et tous les accessoires dont on trouvera la description dans les chapitres suivans.

DES GARENNES.

Les garennes sont les habitations déstinées aux lapins. On en distingue de trois sortes : garennes libres, garennes forcées et garennes domestiques ou clapiers.

—

GARENNES LIBRES.

Dans les pays cultivés, on ne peut établir de garennes libres, parce qu'elles sont trop nuisibles aux productions agricoles. Il faut choisir les montagnes sablonneuses et incultes ; les garennes y réussissent parfaitement, et les lapins s'y multiplient abondamment.

On cite plusieurs pays, entre autres l'Irlande et le Danemarck, où les dunes sont couvertes de lapins sauvage qui s'y sont naturalisés. L'exploitation se fait sur une grande échelle, et les propriétaires retirent un grand produit de la dépouille de ces animaux. Ce procédé n'est donc pas praticable partout.

—

GARENNES FORCÉES.

La garenne forcée est entourée de murs, de fossés qui ne permettent pas aux lapins de s'écarter de leur habitation. Les fondations des murs doivent être assez profondes pour empêcher les lapins de creuser et de passer sous la construction. Ces murs, hauts de 9 à 10 pieds, doivent être garnis, au dessous du chaperon, d'une tablette saillante qui rompe le saut des renards.

La garenne doit être établie sur un coteau exposé au midi ou au levant, dans une terre légère mêlée d'argile et de sable. Il faut répandre dans la garenne toutes les plantes odoriférantes, telles que le serpolet, le thym, la lavande ; on doit y mettre des graminées, des racines, des plantes légumineuses, lorsque son étendue ne fournit pas une nourriture naturelle assez abondante. Les lapins ont besoin d'ombre ; il est donc nécessaire de planter des arbres verts, des taillis épais ; il faut en ajouter d'autres qui poussent avec rapidité, et dont la coupe puisse devenir une nourriture utile, que les lapins trouvent sur place. Choisissez de préférence tous les arbres fruitiers, ainsi que les ormes, les acacias, les genèvriers, les chênes, etc.

De plus, dans l'intérieur des garennes, on doit former plusieurs champs semés en prairies artificielles, puis élever des meules de foin que les lapins consomment pendant la saison morte. Aux murs de clôture on a soin d'adosser des hangars, afin que les lapins trouvent pendant la saison pluvieuse une nourriture sèche et abondante. Ces sortes de garennes demandent de grands frais, un vaste emplacement et ne peuvent être établies que par de riches propriétaires.

—

GARENNES DOMESTIQUES OU CLAPIERS.

La meilleure exposition du clapier est le levant ou le midi. Il est nécessaire qu'il soit entouré de murs et couvert d'un toit qui le garantisse des injures de l'air et le mettre à l'abri des attaques des renards, des fouines, des chats et autres animaux nuisibles. Dans le cas où le clapier n'a pas de toit, couronnez-en le pourtour avec des ardoises saillantes à angles aigus et très avancées en dehors. Il est utile que les murs environnans s'enfoncent dans leur fondation à une profondeur d'un mètre environ, et que le clapier soit ferré ou pavé, afin que les jeunes lapins ne puissent fouiller la terre, et soient arrêtés par cette barrière. Un clapier de 15 mètres de long peut être divisé en vingt parties qui forment autant de loges ou cabanes. Tout, au surplus, dépend de l'emplacement dont on peut disposer.

DES CABANES.

Le clapier étant construit avec les dimensions et précautions que nous avons indiquées, il faut y placer les cabanes pour les mères. Ces cabanes doivent être élevées à 18 ou 20 centimètres de terre, et être construites en lattes serrées ou en planches fortes qui résitent à la dent des lapins. Il faut leur donner une grandeur d'environ 75 centimètres dans tous les sens, avec 1 mètre et demi de profondeur. Le premier fond doit être un châssis grillé ou fait en tasseaux équarris, assez espacés pour laisser passer les urines et les menues ordures. Au dessous de ce premier fond, à environ 5 centimètres, établissez-en un second en planches, recouvert d'une feuille de zinc. Il faut lui ménager une douce inclinaison d'avant en arrière, pour faciliter l'écoulement de l'urine qui sera portée dans la gouttière, et de là se rendra

dans un seau au moyen d'un tuyau communi-
quant avec le fond incliné de chaque cabane. Ce
fond doit être mobile, à glissoire, afin de pouvoir le nettoyer. Pour éviter toute infection,
ayez soin de vider deux fois par jour le seau qui
contient les eaux, car le lapin ne pue que par ses
urines. (Voir le modèle au commencement de la
brochure.)

La porte de chaque case sera un châssis grillé
en fil de fer, attaché dans sa partie supérieure
par deux charnières et s'ouvrant de bas en haut,
comme les fenêtres à tabatière. On la tiendra
fermée au moyen d'un crochet placé dans sa partie inférieure. Cette porte s'ouvrira facilement et
donnera un libre passage à la littière qu'il faut
renouveler de temps en temps. La porte pourrait être aussi à coulisse, comme dans les cages
d'oiseaux, ou bien s'ouvrir sur le côté. Chacune
de ces cases doit être garnie d'un petit ratelier
placé sur l'un des côtés, pour empêcher les lapins
de fouler et de perdre le fourrage, car le lapin ne
veut plus de la nourriture sur laquelle il a pié-
tiné. Il faut également la munir d'une auge à la
partie antérieure, afin d'y placer le son et la
graine qu'on doit donner particulièrement aux
mères nourrices.

Nous avons dit qu'un clapier de 15 mètres de

long peut contenir environ **20** cases. Ce nombre peut être augmenté, si on en met plusieurs rangs les uns au dessus des autres, mais toujours en proportion avec l'emplacement et l'exposision, afin d'éviter le trop grand froid et la grande chaleur.

Il en est d'autres qui n'établissent qu'un seul fond, soit en plâtre, soit en carrelage, ou en planches. Ils lui donnent l'inclinaison voulue, établissant dans la partie postérieure une petite rigole qu'ils recouvrent d'un grillage. Ils percent alors la rigole de petits trous qui laissent échapper l'urine. Quand ils mettent plusieurs rangs de cabanes les uns au dessus des autres, ils ont soin alors d'éloigner les cabanes inférieures toujours davantage du mur de clôture, afin que les animaux ne soient pas incommodés par l'urine qui découle des cabanes supérieures.

Outre les cabanes destinées aux femelles, on doit en construire pour les mâles et leur donner un peu plus de dimension qu'aux cabanes des mères. On leur conduit les femelles quand on veut les faire couvrir. Il ne faut pas laisser les mâles avec les femelles, car ils les gêneraient dans l'allaitement et l'éducation de leurs petits.

Le renouvellement de l'air est de première nécessité. On doit conserver dans la garenne un courant d'air continu, en y établissant des croisées grillées. La propreté ne saurait être trop recommandée.

—

BIOGRAPHIE DU LAPIN.

Le lapin paraît originaire d'Espagne et des pays chauds; mais il est répandu dans toute l'Europe. Il s'habitue très bien à l'état de domesticité, et, à la longue, il prend des couleurs très variées. Malgré sa ressemblance avec le lièvre, il est l'ennemi juré de cet animal. De petits lièvres et de petits lapins, mis ensemble dès leur bas âge, se livrent une guerre à mort dès qu'ils sont devenus grands. Si plusieurs lapins et plusieurs lièvres se rencontrent dans un champ, ils se battent jusqu'à ce qu'il y ait des victimes.

La lapine a, plus que le lièvre femelle, l'amour maternel; lorsqu'elle veut mettre bas ses petits, elle se fait un asile à part dans son terrier, et s'y enferme; là, elle se dépouille le ventre pour faire un lit commode et doux à ses enfans. Après les avoir nourris pendant un mois et demi environ, elle dégage son logement de la clôture qu'elle a construite et se rend avec sa famille au milieu des autres lapins habitans de ce terrier. Alors le père de cette nouvelle progéniture vient la reconnaître et la caresser. La mère se mêle à leurs embrassades, et semble recevoir des remerciemens pour la peine qu'elle s'est donnée d'élever ses petits. Ce qui est plus rare chez la plupart des animaux, et remarquable chez ceux-ci, c'est l'autorité paternelle qui se fait sentir long-temps envers les enfans. D'un coup de patte, leur père les fait aller où il veut et faire ce qu'il veut. Buffon lui-même en parle dans ses ouvrages. La paternité des lapins, dit-il, est très respectée. J'en juge ainsi par la déférence qu'ont eue tous mes lapins pour leur premier père. La famille avait beau s'accroître, ceux qui devenaient père à leur tour lui étaient subordonnés. S'il survenait une querelle entre eux, le grand-père accourait, et, dès qu'on l'apercevait, tout rentrait dans l'ordre. Une autre preuve de sa domination sur la famille, c'est que les ayant habitués à rentrer à un coup de sifflet, je voyais le grand-père se mettre à leur tête, et, quoiqu'il fût arrivé le premier, il les laissait tous défiler devant lui et ne rentrait que le dernier.

On a judicieusement observé que les animaux les plus productifs sont les petits animaux les plus inoffensifs, et qui rendent à l'homme, sous le rapport alimentaire, les plus grands services.

C'est principalement au lapin que s'applique cette observation, car il peut avoir 5 à 6 portées par an et même plus, et produire, chaque fois, de six à quatorze petits. Supposons que ce produit ait lieu sans interruption pendant quatre années, un mâle et une seule femelle avec leurs petits produiraient plus d'un million de lapins dans cet espace de temps. Les lapins s'étaient multipliés d'une manière si effrayante, si prodigieuse en Espagne, dont le climat, le sol et les plantes leur conviennent parfaitement, que les habitans de ce pays se virent forcés d'aller en Afrique chercher le furet pour détruire ces animaux qui causaient de si grands dégâts. Par suite de cette prodigieuse fécondité, on verrait ces animaux envahir bientôt un pays, s'ils n'étaient entourés d'ennemis qui leur font sans cesse la guerre, tels que les oiseaux de proie, les renards, les fouines, etc., et surtout l'homme qui a tant de moyens de les détruire.

DIVERSES ESPÈCES DE LAPINS.

On connaît diverses sortes de lapins : le lapin gris ordinaire, le lapin angora, le lapin du Brésil, etc.

La meilleure race est celle dont le poil est plus fin, plus soyeux, plus long que celui du lapin gris ordinaire. Sa couleur est en partie d'un gris argenté et en partie de couleur d'ardoise. Dans plusieurs pays du nord, sa peau sert de fourrure ; elle vaut le double des peaux de lapins communs.

Le lapin angora est aussi très commun. On emploie son poil soyeux, long et touffu dans la bonneterie, la ganterie, etc. Pour se procurer son poil, on le peigne souvent, ou on l'arrache presque entièrement deux ou trois pendant l'été, particulièrement le long du dos, du cou, des côtés et des cuisses. Cependant il faut se garder d'enlever aux mères celui du ventre, parce qu'elles s'en servent pour faire leurs nids ; de plus, il est fort grossier.

Dans les garennes domestiques, la durée de la vie des lapins est de 6 à 8 ans. C'est vers l'âge de 5 à 6 ans que les mâles perdent une partie de leur vigueur. Alors ils peuvent être engraissés.

—

NOURRITURE DES LAPINS.

Il faut bien observer de régler leur nourriture et la leur distribuer soir et matin, ou bien en trois fois par jour. Le moyen de les empêcher de perdre la nourriture, c'est de la laisser une heure seulement à leur disposition ; on est sûr qu'ils mangeront toujours avec goût. Si elle est verte, on doit l'essuyer, car l'herbe mouillée leur est funeste. Pendant l'été, la nourriture habituelle se compose d'herbes vertes, telles que feuilles et racines de carottes, plantes légumineuses, chicorée sauvage, persil, pimprenelle, panais, feuilles et branches d'arbres de toute espèce, paille des bois, genêt vert épineux. Pour l'hiver, il faut réserver les regains, luzerne, trèfle, turneps, fourrage du blé de Turquie, betteraves champêtres, fenouil, marjolaine, laiteron, traînasse, sainfoin, pommes de terre. Habituez les lapins principalement à la pomme de terre, attendu qu'il en existe en tout temps. Réservez le son pour les nourrices et les élèves de deux à quatre mois. L'avoine et les graines de toute espèce doivent faire partie de la nourriture des lapins, qui en mangent avec plaisir ; cette nourriture est surtout utile aux mères lorsqu'elles allaitent leurs petits. L'usage du sel leur est aussi avantageux et leur donne de l'appétit. Le millet engraisse prodigieusement les petits lapins. En général, il est utile de varier la nourriture. Lorsqu'on donne du son seul, il doit être sec, c'est-à-dire, dépouillé le plus qu'il est possible de farine ; mais si on le leur donne avec des graines , il faut qu'il soit gras et farineux.

—

LEUR COUCHER.

Le mauvais état de la litière occasionne la plupart des maladies qui attaquent les lapins. La paille qu'on leur donne à cet effet doit être sèche et renouvelée souvent. On emploie la paille de blé rompue, la fougère, la mousse, le foin avarié ; il faut avoir soin de la retourner au bout de quatre jours et de la renouveler tous les huit jours, afin que l'urine ne les salisse pas, car l'urine qui coule sur le manger devient un poison. Quant aux nourrices, on ne doit les changer de paille que lorsque leur portée voit clair, car on serait obligé d'enlever le poil dont la mère garnit son lit, et par là on exposerait les élèves à une température froide qui leur deviendrait nuisible.

—

DES FEMELLES.

Choisissez pour le travail les femelles les plus fortes, et celles dont le poil est gris. Voyez si elles

n'ont point la bouteille, qu'on appelle gros-ventre, et si leurs crottes sont bien dures : c'est un
signe certain de bonne santé. Il ne faut faire couvrir les femelles qu'à l'âge de six mois. Il convient de préférer celles qui sont nées vers le mois
de mars; elles sont disposées à prendre le mâle
vers le commencement de novembre, et l'on peut
alors vendre leur première portée dans le courant de l'hiver. La femelle porte trente ou trente-
un jours, et elle donne depuis deux ou trois,
jusqu'à huit, dix et même quatorze petits. Mais
il vaut mieux qu'elle n'en donne que cinq ou six,
car les lapereaux sont plus forts et mieux nourris. On enlève souvent l'excédant de ce nombre,
surtout quand les mères sont faibles. Les femelles
produisent pendant 5 ans; après ce temps, il faut
les engraisser pour les vendre.

On peut évaluer avec certitude le nombre de
portées à six par an. Trois semaines après que la
femelle a mis bas, on doit la remettre au mâle et
les y laisser passer une nuit. Quand le mâle n'a pas
plus de 5 à 6 ans et la femelle 4 à 5, il est rare
que la lapine ne soit pas remplie. On la remet à
ses petits, et elle peut, sans inconvénient, conti-
nuer à les nourrir encore une huitaine de jours.
Il arrive quelquefois que la mère fait périr ses
jeunes lapereaux. Pour la corriger de ce défaut,

il faut lui donner abondamment la nourriture qui lui agréable, la déranger le moins possible.

—

SOINS A DONNER AUX LAPEREAUX.

Remarquez avec soin les époques auxquelles les mères ont été mises aux mâles (vous savez qu'elles portent de 30 à 31 jours). Quand il sera temps, nettoyez les cabanes, enlevez à propos la première portée, qui pourrait détourner les mères lorsqu'elles voudraient mettre bas la seconde. Lorsque la lapine aura mis bas, prenez garde qu'elle ne mange des herbes mouillées. Pendant la huitaine, prodiguez le son en le mêlant avec un peu de sel. Examinez avec soin, dès les premiers jours de la naissance des lapereaux, si la mère ne les a pas déposés dans l'humidité; dans ce cas, prenez la précaution de les enlever et de les déposer dans l'endroit le plus sec de la case, car l'humidité les ferait périr. Ne touchez pas aux petits, à moins qu'il n'y en ait d'étouffés. Quand vous vous apercevrez qu'une mère étouffe ses petits ou les mange, ayez soin de remarquer la cabane; car, si à la seconde portée le même inconvénient se renouvelle, il faut engraisser la femelle et la vendre.

Quand les lapereaux ont un mois, ils commencent à manger seuls, et leur mère partage avec eux sa nourriture; ils peuvent se passer de la mère à 6 semaines. A cette époque, voici ce qui se pratique. Les uns les font entrer dans une grande cabane qui sert de premier commun; à deux mois et demi, ils les logent avec ceux qui sont destinés à la table. Dans ce cas, ils ont la précaution de châtrer les mâles avant de les y laisser en liberté. D'autres mettent ensemble les élèves de mois en mois, c'est-à-dire qu'ils font six cabanes, en ayant soin surtout de séparer les mâles des femelles à partir du troisième mois. Du cinquième au sixième mois, ils vendent les élèves, et choisissent pour le travail les femelles les plus fortes.

DE LA CASTRATION.

La castration dispose les lapins à grossir considérablement et donne plus de prix à leur peau. Du reste, l'opération pour la castration des lapins est fort simple; voici comment elle se pratique. Vous saisissez, avec le pouce et les deux premiers doigts de là main gauche, l'un des testicules que le lapin cherche toujours à rentrer intérieurement; lorsque vous êtes parvenu à le saisir, vous pratiquez dans la peau une ouverture longitudinale au moyen d'un instrument tranchant. Après avoir fait sortir le corps ovale que vous avez saisi, vous l'enlevez et le jetez ; vous agissez de même sur l'autre testicule. L'opération terminée, vous frottez la partie avec un peu de saindoux, ou bien vous pouvez faire une ligature avec une aiguillée de fil. Il en est d'autres qui laissent agir la nature, qui guérit toujours cette plaie. Si l'opération a été faite avec adresse, la plaie se cicatrise promptement. La chair des lapins châtrés est tendre et délicate. Ils deviennent, quand on leur a fait cette opération, aussi gros que les lièvres.

MALADIES DES LAPINS.

Nous avons dit qu'il faut éviter de donner aux lapins de l'herbe verte sans être essuyée ; il faut également se garder de prodiguer de l'herbe trop succulente, car un grand nombre meurt d'indigestion ou de diarrhée. Dans ce cas, il faut remplacer la nourriture humide par l'herbe sèche et le pain grillé. Il y a également trois maladies dangereuses qui attaquent les lapins : la bouteille ou gros-ventre, l'étisie et le mal d'yeux ou ophtalmie.

Bouteille ou gros-ventre. — Cette maladie est occasionnée par un amas d'eau assez considérable qui séjourne dans la vessie du lapin et le fait périr. On appelle communément cette maladie dase, bouteille, gros-ventre. — *Remèdes :* Mettez les lapins qui en sont atteints à une nourriture sèche ; donnez-leur de l'orge grillée, du regain, des plantes aromatiques, telles que le serpolet, la sauge, le thym, etc., et bientôt vous verrez disparaître cette enflure.

Étisie. — Cette maladie rend les lapins d'une maigreur extrême ; bientôt ils se couvrent d'une gale contagieuse dont il est très difficile de les guérir. C'est dans leur jeunesse qu'ils sont sujets à cette maladie, qui les attriste, leur ôte l'appétit, arrête leur croissance, et les fait mourir dans de fortes convulsions. Comme cette maladie est contagieuse et peut gagner tout le clapier, il faut séparer les malades de ceux qui se portent bien, ou, ce qui est plus prudent, faire périr les animaux qui en sont attaqués. Il vaut mieux sacrifier quelques sujets que de voir le clapier tout entier exposé à périr. En général, on attribue cette maladie à l'humidité, au manque de soins et de propreté. Dans ce cas, le remède est facile à appliquer : aérer, nettoyer les cabanes, changer la disposition du clapier qui serait trop humide , et peu de temps après toute maladie aura cessé.

Ophtalmie ou mal d'yeux. — C'est vers la fin de leur allaitement que les petits sont sujets à une maladie d'yeux qui les fait périr en peu de temps. On attribue cette maladie à la malpropreté, aux exhalaisons putrides qui proviennent d'une cabane mal soignée. Le meilleur moyen pour arrêter les progrès de cette maladie, c'est de purifier la cabane atteinte, et de transporter les malades dans des cabanes propres, garnies de paille fraîche.

On voit donc que les maladies sont engendrées par l'humidité , la malpropreté, la nourriture fraîche cueillie, et que le meilleur moyen de les prévenir consiste dans les soins hygiéniques que l'on donne aux élèves : une loge aérée , saine, et une litière fraîche peuvent prévenir la maladie , et parfois la guérir.

LOIS RELATIVES AUX LAPINS.

Le lapin cause beaucoup de dégâts dans les lieux où on le laisse multiplier. Il mange les récoltes de toute espèce , et fait autant de mal par ses allées et venues qu'avec sa dent.

Les lapins de garenne sont des immeubles, ainsi que les pigeons de colombier, les ruches à miel et les poissons des étangs, quand ils ont été placés par le propriétaire pour le service et l'exploitation du fonds (art. 524 du Code civil).

Les propriétaires des garennes ou des forêts où il existe beaucoup de lapins, sont responsables des dommages causés par les lapins sur le fonds voisin, s'ils ne justifient pas qu'ils ont cherché à détruire ces animaux, ou permis aux propriétaires voisins de les détruire eux-mêmes.

Quant aux lapins que l'on appelle buissonniers, en terme de chasse, c'est-à-dire qui ne se trouvent sur le terrain que par l'effet de l'instinct qui les y rassemble, sans que le propriétaire ait rien fait pour les y attirer, étant réputés animaux sauvages et n'appartenant pas par conséquent au propriétaire du terrain, ils ne rendent ce propriétaire responsable des ravages qu'ils exercent dans les terres voisines qu'autant que, par sa négligence à les détruire ou son refus de les laisser détruire, ils se sont multipliés au point de devenir nuisibles (Code civil, art. 524 et suivans).

MANIÈRE D'ÉCARTER LES LAPINS DES VERGERS ET DES VIGNES.

Quand vous voulez préserver une pièce des dégâts des lapins, il faut avoir soin de planter tous les quatre à cinq jours, à six pieds l'un de l'autre, des petits bâtons soufrés auxquels on met le feu. L'odeur seule suffit pour éloigner les lapins.

—

MANIÈRE DE TUER LES LAPINS.

La manière la plus ordinaire de tuer les lapins de garenne est vicieuse. On leur donne un coup derrière les oreilles ou la nuque, avec la main ou un bâton ; mais la chair se trouve meurtrie, et le sang se fixe en abondance dans le cou. Il vaudrait mieux les saigner et les suspendre par les pattes de derrière : alors le sang s'écoulerait et la chair serait nette ; mais la peau serait endommagée par l'ouverture de la saignée, et cette manière est également vicieuse. En Angleterre, on les saigne près des joues ; en France, voici le moyen usité : On saisit le lapin, d'une main, par les pattes de derrière, de l'autre, par le cou ; on allonge la moelle épinière, il se fait une luxation dans les vertèbres, et la mort s'ensuit immédiatement.

VENTE DES PEAUX DE LAPIN.

C'est en hiver surtout que l'on peut se défaire avantageusement et facilement des peaux de lapin ; pendant l'été, on n'en tire qu'environ la moitié du prix, parce que l'animal mue dans cette saison. Pour en tirer le parti le plus avantageux possible, ceux qui se livrent en grand à ce genre de commerce, ont soin de faire tous leurs élèves dans la saison d'été, afin de pouvoir les vendre en hiver. Les poils de lapin trouvent une grande consommation dans la fabrication des chapeaux ; la peau garnie de son poil donne une fourrure très chaude. On fabrique, avec le poil du lapin angora, des gants, des châles et autres tissus.

FUMIER DE LAPIN.

Le fumier de lapin, chaud et abondant, convient aux terres froides, blanches et argileuses. Les jardiniers l'achètent fort cher, et le considèrent comme égal à la colombine en force et en durée.

APPRÊT POUR DONNER UN PARFUM AGRÉABLE AUX LAPINS DE CLAPIER.

La chair des lapins sauvages est plus succulente et plus ferme que celle des lapins de clapier ;

mais on fait disparaître presque entièrement ces différences par la nourriture choisie et les préparations que l'on fait subir à ces animaux après leur mort. Cette nourriture choisie consiste en avoine, orge, son, bonne graine, légumes, foin fin et serpolet dans la saison. Quelque temps avant de prendre les lapins domestiques, on leur fait manger du thym, du serpolet et autres plantes aromatiques ; leur chair acquiert un fumet très agréable. Quand on les a tués et vidés, l'on frotte l'intérieur du ventre et les cuisses avec des feuilles de bois de Sainte-Lucie ou d'autres plantes aromatiques réduites en poudre ; de cette manière, on donne aux lapins domestiques une saveur qui approche de celle des lapins sauvages.

—

APERÇU DES DÉPENSES ET RECETTES.

Nous allons donner un tableau exact des dépenses, des pertes de toute espèce, des recettes.

Il pourra contribuer à déterminer chaque personne peu aisée à élever une petite quantité de lapins. Cette éducation partielle ne présente ni inconvénient ni difficulté ; elle procure un revenu certain.

Supposons que l'on commence l'opération en

petit ; il suffit d'acheter huit femelles et un mâle. Que les nourrices soient toujours de l'âge de cinq mois à deux ans au plus, pour que tous les cinquante jours elles puissent produire une portée. Évaluons le nombre des portées à six par an l'une dans l'autre, ce qui produira, dans l'année, quarante élèves par nourrice, et trois cents environ pour huit femelles. Si l'on vend les élèves à l'âge de cinq mois, à raison de 1 fr. 50 c. l'un, on verra une recette de 450 fr. que produiront huit femelles et un mâle. Si l'on avait 420 nourrices produisant chacune 40 élèves, la recette totale s'élèvera à 25,000 fr. La vente des premières portées couvrira tout de suite les frais déboursés pour achat et nourriture.

Maintenant, on peut démontrer l'avantage que peut offrir cette branche d'industrie exploitée en grand, en établissant les frais qu'occasionnent 100 nourrices et les bénéfices qu'on en pourrait retirer. Voyez ci-après l'aperçu des dépenses, tant pour logement que pour achat des fondateurs, pour les cabanes, la nourriture, les employés, auquel on a joint les frais accessoires, les non valeurs, les chances de la mortalité, etc.

Établissons d'abord nos calculs sur le nombre *deux cents*, il sera facile de se rendre compte des résultats que produiraient 3 et 400 nourrices.

FRAIS DE PREMIER ÉTABLISSEMENT.

POUR 200 NOURRICES.

200 femelles et 25 mâles à 3 fr. .	675 fr
240 cabanes.	2,000
Une marmite et un baquet. . .	10
Seaux de bois, balais et autres us- tensiles	70
Un cheval.	300
Voitures et paniers.	400
Frais divers.	200
Total. . .	3,655 fr.

Ce capital constitue 182 fr. 75 c. de rente 5 pour 100.

—

FRAIS POUR UNE ANNÉE.

Logement	300 fr.
Employés pour porter l'herbe et vendre	1,500
Nourriture du cheval.	600
Écurie.	100
Impôts.	100
Nourriture et coucher des lapins. .	4,000
Frais imprévus, mortalité. . .	218
Intérêt du capital.	182
Total. .	7,000 fr.

Remarquez bien que les frais de nourriture ne seront pas toujours les mêmes, attendu qu'on vendra les petits au fur et à mesure.

VENTE DES LAPINS.

Une nourrice fera 6 portées par an, et donnera 40 petits au moins. Si nous tenons compte de tous les accidens, nous aurons :

1er portée : 1,200 lapins pouvant être vendus dès le 5e mois, à 1 fr. 25 c., minimum.		1,500 fr.
2e portée : 1,200, pouvant être vendus 50 jours après.		1,500
3e portée. —	—	1,500
4e portée. —	—	1,500
5e portée. —	—	1,500
6e portée. —	—	1,500
Total.		9,000 fr.

Il faut observer que chaque nourrice donnera plus de 40 petits par an ; que les lapins seront vendus au dessus du prix de 1 fr. 25 c.; que les frais peuvent se réduire, etc.

RÉCAPITULATION.

Prix des ventes opérées au plus bas
prix. . . . .   9,000 fr.
Résumé des frais à leur maximum.   7,000
Bénéfice net avec 200 nourrices.   .   2,000 fr.

RÉSUMÉ.

Vous voyez le bénéfice que vous pouvez vous procurer avec 200 nourrices ; il vous est facile d'en déduire celui que vous donneraient 300 nourrices, 400, etc. L'homme peu aisé peut commencer avec un minime capital. Il suffit de débourser 18 fr. pour acheter 4 femelles et 1 mâle, plus, le montant de la nourriture pendant 6 mois, et le prix des 5 premières cabanes à établir. Mais, après 6 mois, la vente de la première portée l'aura couvert d'une partie de ses déboursés.

Quant au capitaliste assez riche pour débourser de suite quelques milliers de francs, il peut prévoir un bénéfice considérable, et beaucoup plus certain que celui qu'il pourrait espérer d'entreprises chanceuses, où il court grands risques de perdre intérêts et capital.

TABLE.

Paris. — Imprimerie de Bonne et Ce, rue Coq-Héron, 3.